Uwe H. Sültz

AZIMUT - AZIMUTH –

bei Compact Cassetten Recordern

BoD - Books on Demand

Norderstedt 2019

Bibliografische Information durch die Deutsche Nationalbibliothek

Die Deutsche Nationalbibliothek verzeichnet diese Publikation in der Deutschen Nationalbibliografie; detaillierte bibliografische Daten sind im Internet über http://dnb.dnb.de abrufbar.

Herstellung und Verlag:BoD – Books on Demand, Norderstedt

ISBN 9-78374-9-40883-2

Sültz Bücher
Cassetten-Tonbandgerät
ELAC CD 400 + CD 500 + CD 520
Bedienungsanleitung

Compact Cassetten Recorder
REPORT
Uwe H. Sültz
PHILIPS
Neuaufbau eines PHILIPS EL 3302 ● Gedichte
Einstellarbeiten am EL 3302 ● Service Hilfen
Geräte mit EL 33XX Chassis ● Einlochkassette
EL 3300 erste & zweite Ausführung ● Geschichten

Compact Cassetten
REPORT
Teil 2:
Sammeln - Tipps - Kaufberatung - Geschichte
Compact Cassetten der Kaufhäuser,
des Elektrhandels und der Zulieferer
WOOLWORTH HERTIE WALTHAM METRO
HORTEN NECKERMANN INTERFUNK
QUELLE KARSTADT KEPA EDEKA

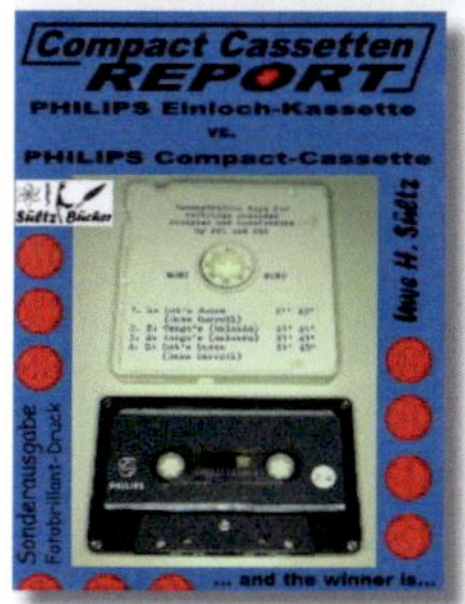

Compact Cassetten
REPORT
PHILIPS Einloch-Kassette
vs.
PHILIPS Compact-Cassette
Uwe H. Sültz
Sonderausgabe
Farbbrillant-Druck
... and the winner is...

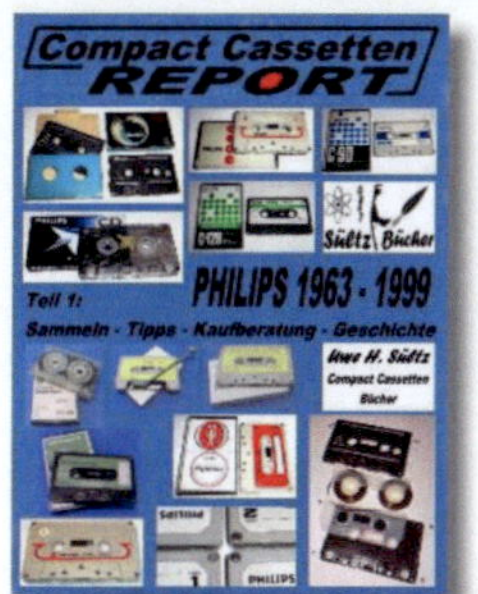

Compact Cassetten
REPORT
PHILIPS 1963 - 1999
Teil 1:
Sammeln - Tipps - Kaufberatung - Geschichte
Uwe H. Sültz
Compact Cassetten
Bücher

ELAC - THE FISHER - NAKAMICHI
Sültz Service & Reparatur
Meisterbetrieb seit 1973

Sültz Bücher
Cassetten-Tonbandgerät
ELAC CD 600   ELAC NAKAMICHI 500
NAKAMICHI 500
ELAC CD 600
Nakamichi 600
Bedienungsanleitung

Fertig! Wir können das Buch beenden!

Lohnt es sich im Jahr 2020 überhaupt noch, sich mit dem Service oder der gar der Theorie von Cassetten Recordern zu befassen?

Die Antwort ist definitiv: „JA"! Bereits die Schallplatte hat ihr Comeback gefeiert. Schallplatten werden wieder hergestellt! Schauen

wir uns die Situation bei den Compact Cassetten und den Recordern an. Auf Verkaufsplattformen wird alles an Recordern angeboten. Von ganz günstig bis sehr teuer. Von MONO über STEREO bis High Fidelity. Recorder mit einem Frequenzbereich von bis zu 5000 Hz und Recorder von über 20000 Hz. Mit Namen kann ich auch dienen: erste Recorder von PHILIPS, EL 3300, sind extrem gefragt, und Recorder wie der

NAKAMICHI DRAGON sind erst Recht extrem gefragt. Mit Preisen kann ich auch dienen: ab 1 Euro bis weit über 2500 Euro. Und das sind nicht fiktive Wunschpreise, sondern echte Verkaufspreise! Und Compact Cassetten werden immer noch produziert.

Das ist doch ein Grund über den AZIMUT aufzuklären, oder? Und was ist mit den vielen Recordern, die immer noch in Wohnzimmern im Einsatz sind? Die erworbenen Geräte müssen gewartet werden... die vorhandenen Geräte müssen ebenfalls gewartet werden. Und Recorder sind viel empfindlicher als Tonbandgeräte, die übrigens immer noch in Hobby-Studios zum Einsatz kommen. Recorder benötigen immer von Zeit zu Zeit einen Service. Durch Bewegung verstellen sich Tonköpfe nun einmal, das ist Fakt!

Über die
Tonkopfeinstellung
habe ich in diesem
Buch geschrieben:

Über das Comeback
der Compact Cassette
ist hier berichtet:

In diesem Buch geht es
nur um den Winkel des
Magnetspaltes im
Bandkopf zum Band,

der 90 Grad sein muss, um einen perfekten Musikgenuss zu haben, den AZIMUT-Winkel.

Warum verstellt sich eigentlich der AZIMUT? Die Konstruktion von Lou Ottens gibt vor, dass der Tonkopf in die Cassette bewegt wird. Lou Ottens und sein Team entwickelten Anfang der 1960'er Jahre den weltersten Recorder PHILIPS EL 3300. Dieser wurde auf der Funkausstellung 1963 vorgestellt. SÜLTZ ELEKTRONIK war dabei.

Während Tonköpfe in Tonbandgeräten also bombenfest ihren Platz einnehmen, bewegen sich Tonköpfe eines Cassetten Recorders auf einem Schlitten. Dieser Schlitten kann sogar motorangetrieben ganz sanft für den Kopf/Band Kontakt sorgen... Bewegung bleibt! Ansonsten hätte NAKAMICHI nicht den DRAGON entwickelt. Je nach Phasenlage der Aufzeichnung justiert sich der Tonkopf ständig nach. Die Compact Cassetten sind nicht immer perfekt gegossen. Die Andruckrolle muss immer sauber sein. Und so könnte es weiter gehen. Alles muss addiert werden.

Die Aufnahme

Aus dem Tonkopf-Spalt treten magnetische Felder aus und magnetisieren das vorbeilaufende Band. Hier ist eine sehr vereinfachte Darstellung, denn man müsste noch auf weitere Faktoren, wie die Quermagnetisierung, die Wellenlänge usw., eingehen. Bewegt sich nun ein leeres Band am Tonkopf vorbei, so wird das Band mit der hier gezeigten Sinuswelle magnetisiert:

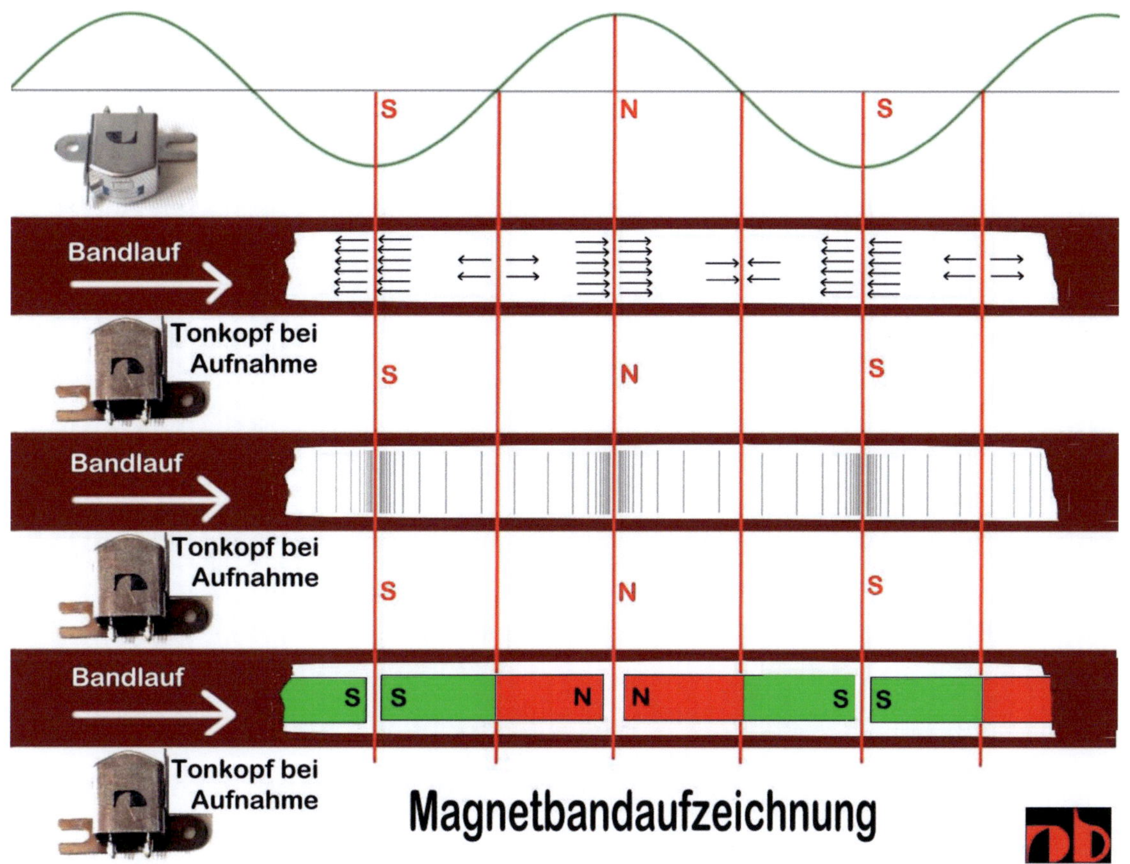

Hier 2 Signale:

Es handelt sich um eine MONO-Aufnahme einer Geige.

Ein weiteres Bild zeigt die Aufnahme eines 300 Hz-Testtones.

MONO-Aufnahme einer Aufnahme mit einer Geige

Magnetisierung auf dem Cassetten-Band

By SÜLTZ ELEKTRONIK

Die schwarzen Streifen stellen die magnetischen Nordpole dar und die weißen Streifen die magnetischen Südpole. Bei Wiedergabe wandelt der Tonkopf diese Nord/Süd-Magnetinformation in ein elektrisches Signal um... bis es schlussendlich als hörbaren Ton aus dem Lautsprecher erklingt.

Ein Geigenton besitzt zahlreiche Obertöne. Sie können bis über 20000 Hz reichen. Zu sehen sind schmale und breitere Streifen, das entspricht der Frequenz. Bei einem Sinuston von 300 Hz sind die Streifen gleich breit.

MONO-Aufnahme einer Aufnahme mit 300 Hz-Ton

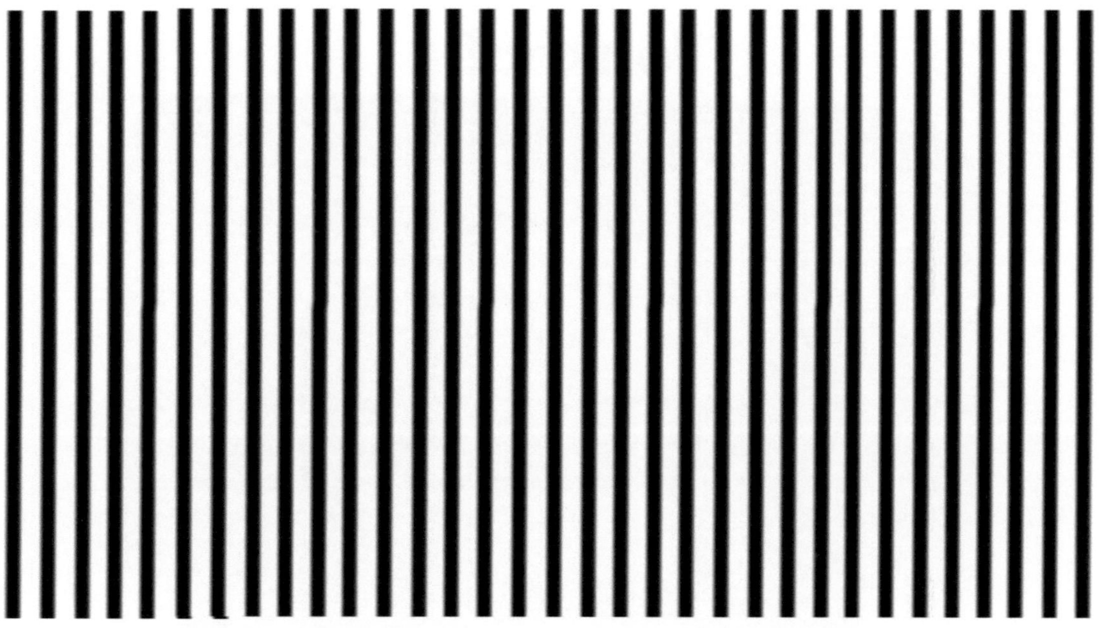

Würde nun ein Wiedergabekopf minimal schräg stehen und das Signal abtasten, heben sich Nord- und Südpole auf. Am Wiedergabekopf, besser gesagt am Wiedergabekopfspalt, wird kein Signal erzeugt.

Schauen wir uns zunächst einen Tonkopf von vorne an:

by SÜLTZ ELEKTRONIK

Als nächstes lassen wir ein Tonband am Tonkopf vorbei laufen:

Tonkopf mit Tonband

Das braune Tonband (kein Chrom ;-)) wird nun durchsichtig dargestellt, um die Kernbleche und den Kopfspalt sichtbar zu machen. Auch die braune Trennspur wird sichtbar. Bei Compact Cassetten Recordern handelt es sich um Trennbleche.

Tonkopf mit Tonband (Durchsicht)

by SÜLTZ ELEKTRONIK

Noch ist das Band leer.

Übrigens hat PHILIPS festgelegt, dass Compact Cassetten und Recorder mit „C" geschrieben werden, um international bestehen zu können!

Nun wird das Band bespielt und läuft auf dem nächsten Bild am Tonkopf vorbei.

Tonkopf mit bespieltem Tonband

by SÜLTZ ELEKTRONIK

Wir wollen nun wieder den Kopfspalt und die Kernbleche sichtbar machen.

Die Kernbleche sind nicht ganz waagerecht, das ist ein Fehler vom Autor! Sorry!

Wichtig ist das Verständnis, dass Tonkopf, Kopfspalt und Tonband einen Winkel von 90 Grad ergeben. Der AZIMUT stimmt.

Azimut 90 Grad

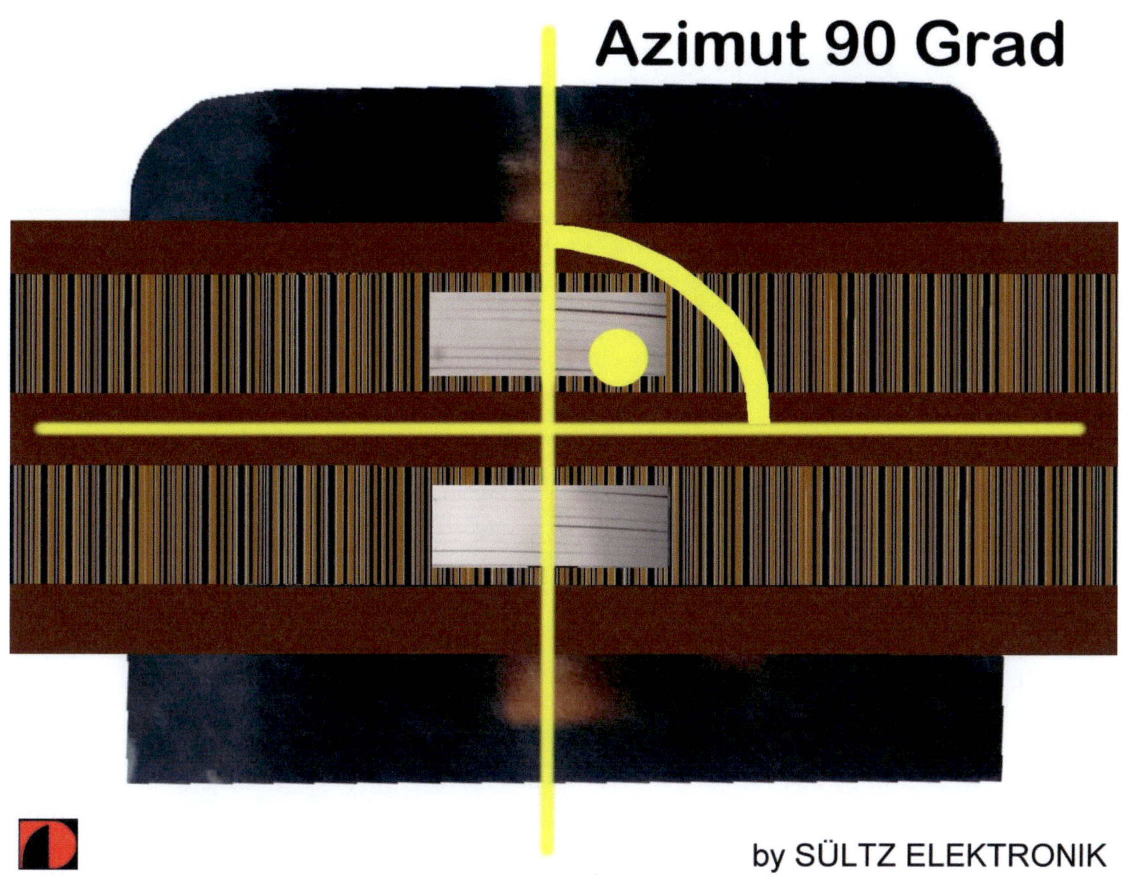

Eingezeichnet ist ein Winkel von 90 Grad.

Alles ist in Ordnung! Compact Cassetten können nun mit Freunden und Nachbarn getauscht werden. Voraussetzung ist natürlich, dass jeder Musikliebhaber korrekt eingestellte Geräte besitzt.

Kommen wir nun zu einem verstellten Kopf:

Verstellter Azimut

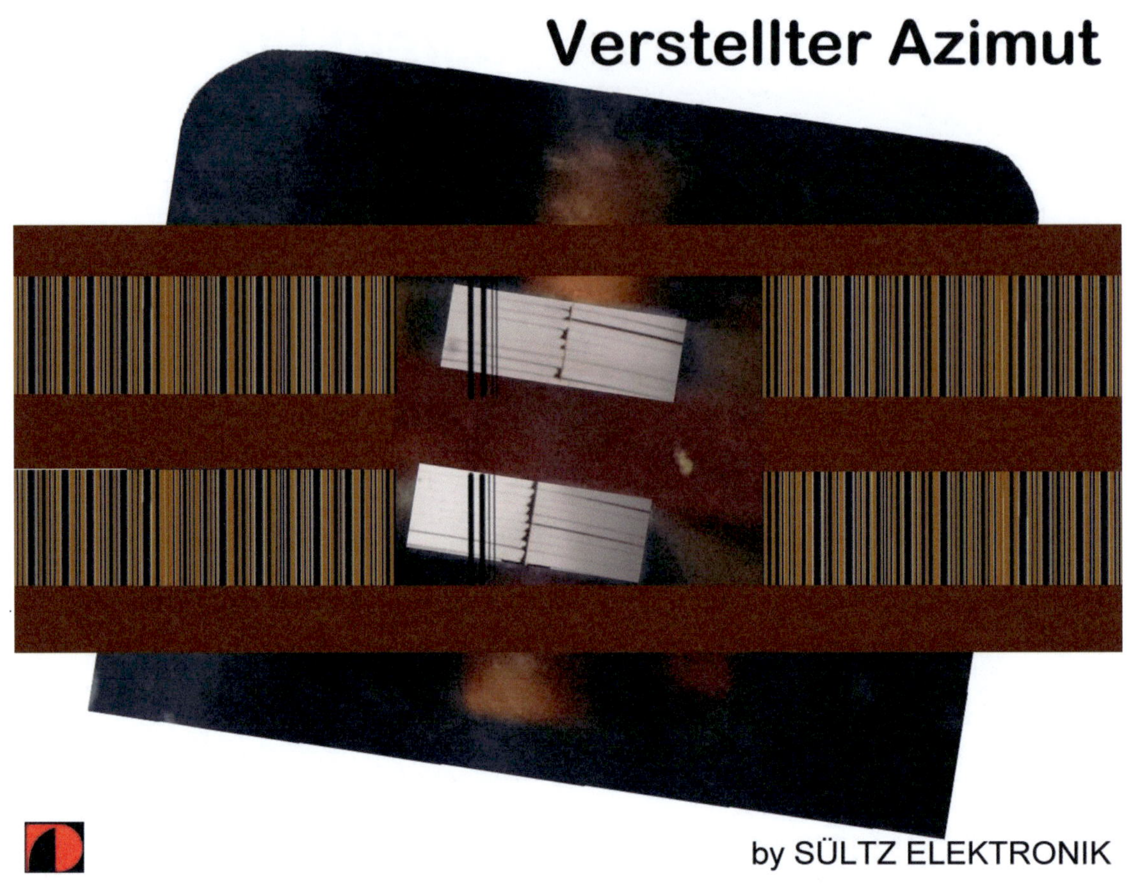

by SÜLTZ ELEKTRONIK

Hier ist der Kopfspalt keineswegs richtig eingestellt. Genauer lässt sich das mit Hilfe der Lupenfunktion zeigen.

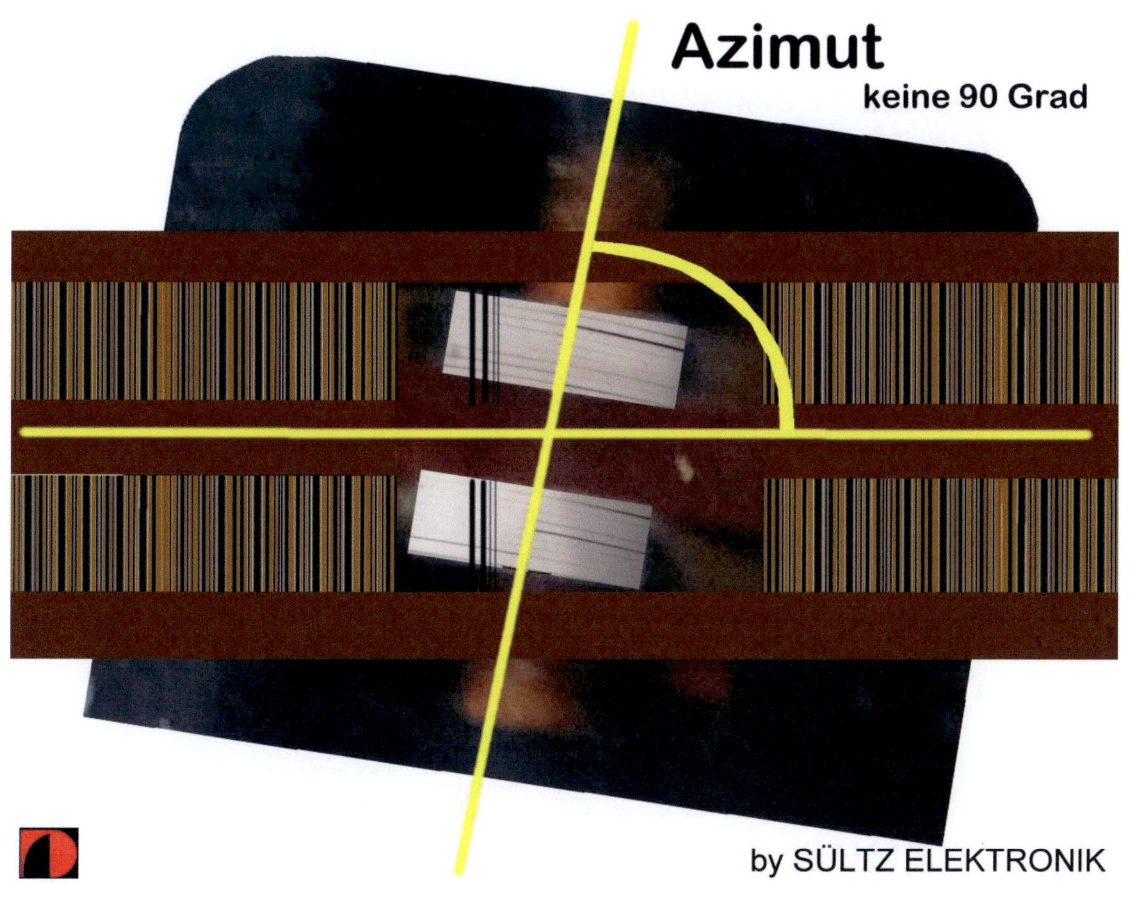

In diesem Bild sind die Winkel eingezeichnet.

Das nächste Bild zeigt die Lupenfunktion.

 Lupe:

Verstellter Azimut

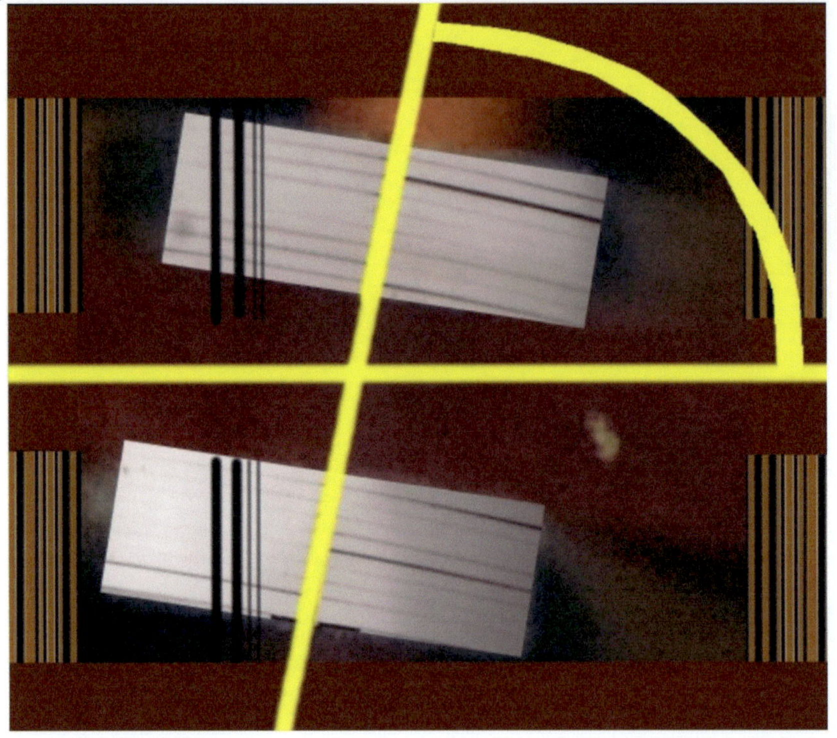

by SÜLTZ ELEKTRONIK

Nord- und Südpole werden sich aufheben, so dass am Kopfspalt kein Signal hergestellt wird. Dies ist die Ursache für die Tonqualitätsminderung durch den AZIMUT-Fehler.

Die Lupenfunktion reicht aber noch nicht aus, um dies genau erkennen zu können.

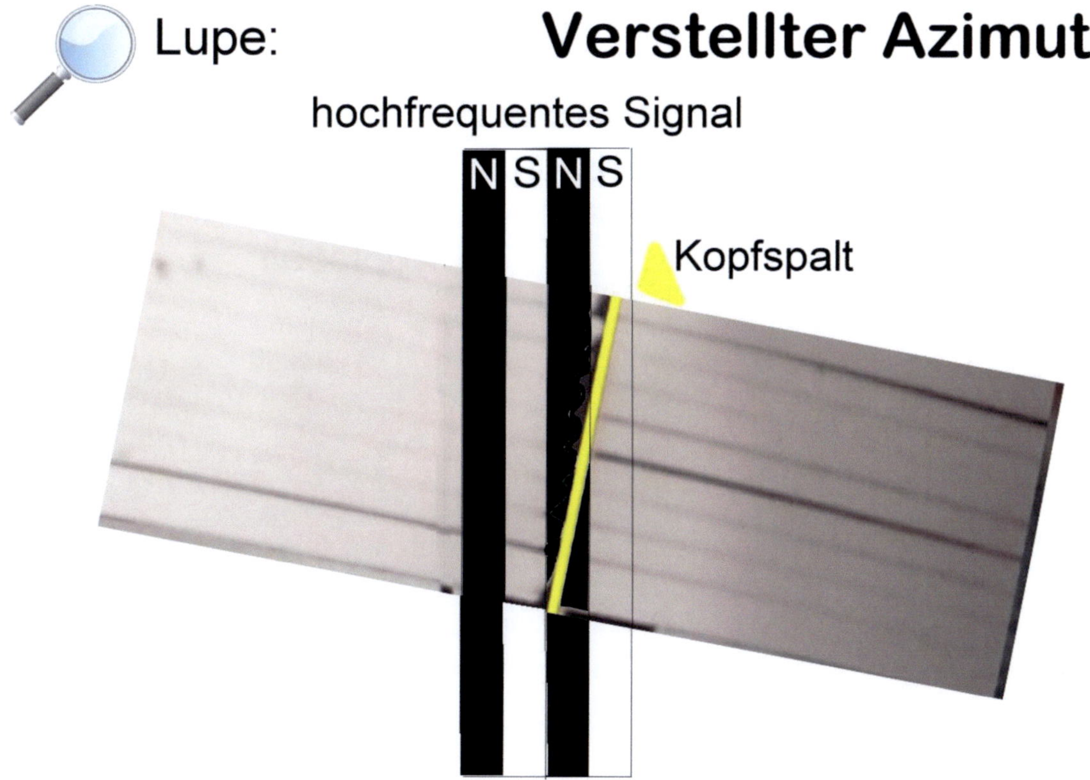

Jetzt ist deutlich zu erkennen, dass bei einer höheren Frequenz sich Nordpol und Südpol auslöschen. Es kommt zu Höhenverlust und weiteren Verlusten... ja, es wird sogar der Charakter der Musik zerstört! Von Musikgenuss kann nun nicht mehr gesprochen werden!

Verstellter Azimut

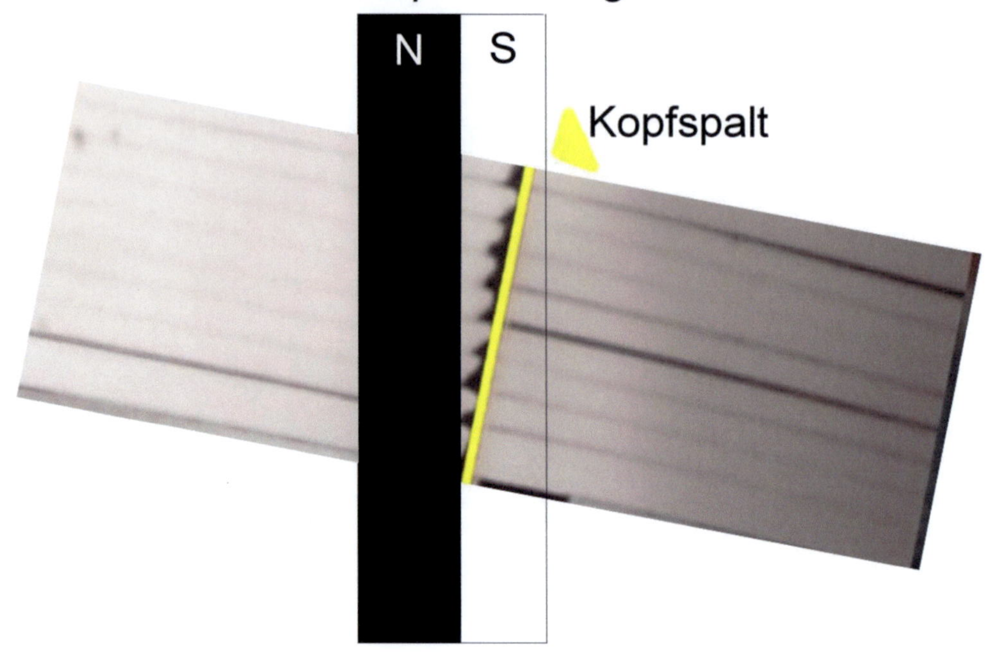

by SÜLTZ ELEKTRONIK

Während das Signal von tieferen Frequenzen kaum beeinflusst wird, nimmt bei höheren Frequenzen die Bedeutung des AZIMUT-Fehlers mit steigender Frequenz zu.

Deutlich ist zu sehen, dass bei der tiefen Frequenz der Südpol abgetastet wird, danach der Nordpol.

Einblick in einen Tonkopf

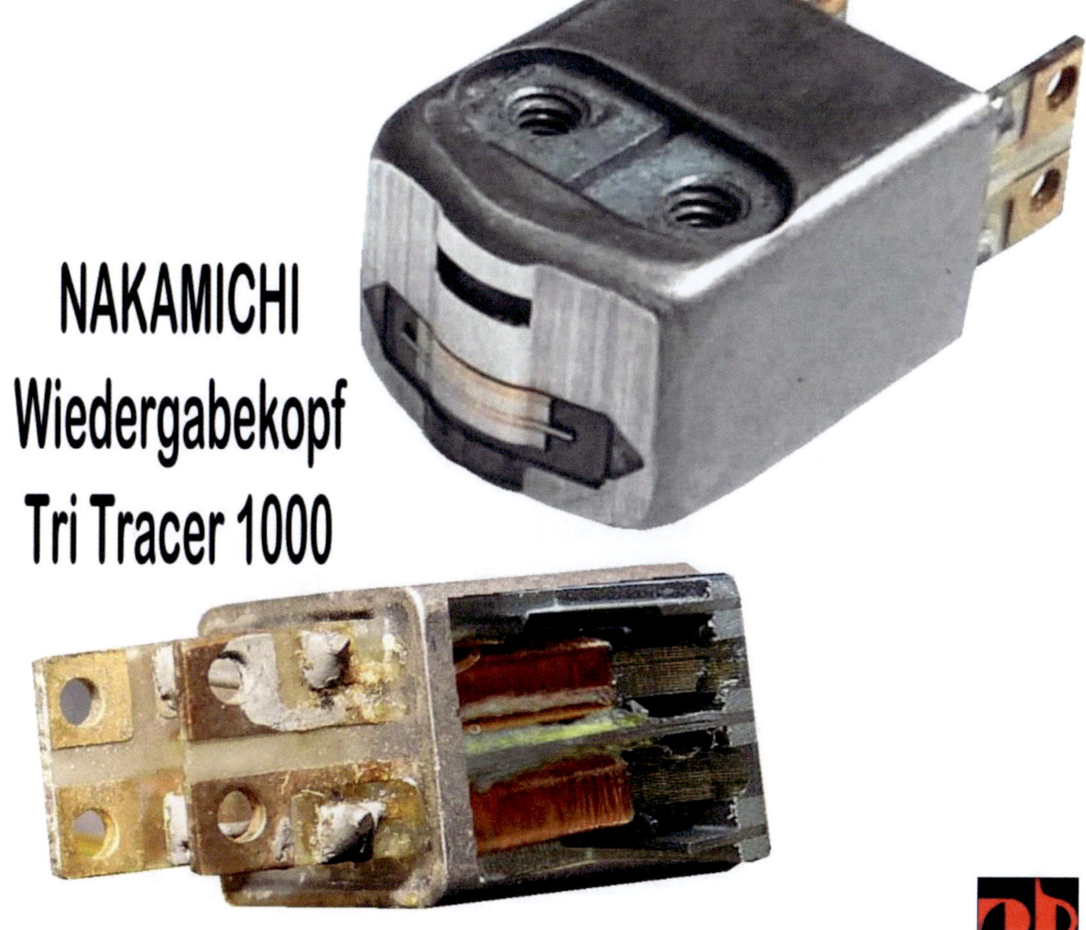

Azimut (Spurfehlwinkel) des Wiedergabekopfs einstellen

Prüfung mit Azimut-Referenzkassette

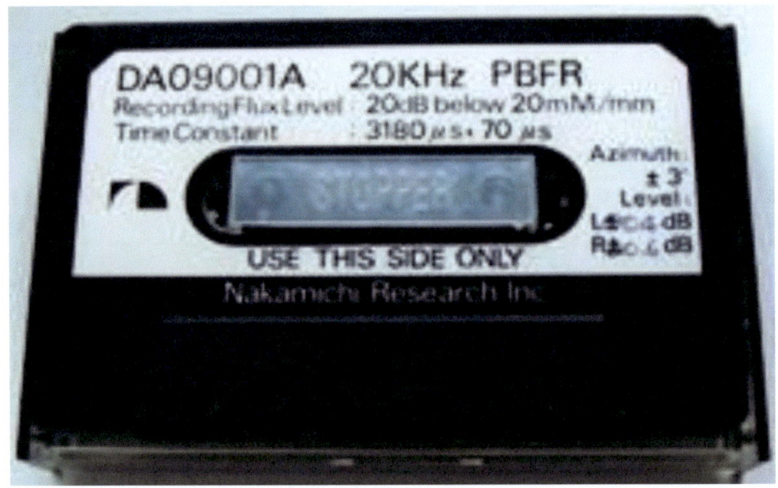

Referenzkassette mehrfach umspulen, damit sich die Bandwickel auf die korrekte Bandlaufposition im Gerät einstellen können.

Referenzkassette einlegen und Testsignal abspielen.

Ausgangssignal des rechten und linken Kanals mittels 2-Kanal-Oszilloskop im XY-Betrieb (als Lissajous Figur) darstellen.

Tonkopf so verstellen, dass der Pegel am stärksten ist und sich dann ein schräger Strich (von unten links nach oben rechts im Winkel von 45°) auf dem

Bildschirm ergibt (Phasengleichheit der beiden Kanäle).

Nach der Einstellung die Stellschraube am Tonkopf mit Schraubensicherungslack fixieren.

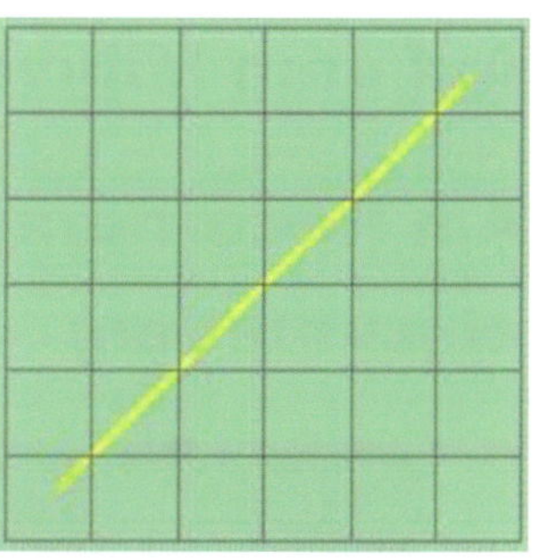

Auf dem Millivoltmeter

Am Recorderausgang ist auf Spannungsmaximum
einzustellen:

Bemerkung zum Oszilloskop:

Zu höheren Frequenzen hin wird in der Darstellung
am Oszilloskop aus einem "Strich" mehr und mehr
ein ovaler Ellipsoid, der immer noch von links unten
nach oben rechts im Winkel von 45° verläuft, aber
sich mehr und mehr öffnet (sichtbarer
Spurfehlwinkel).

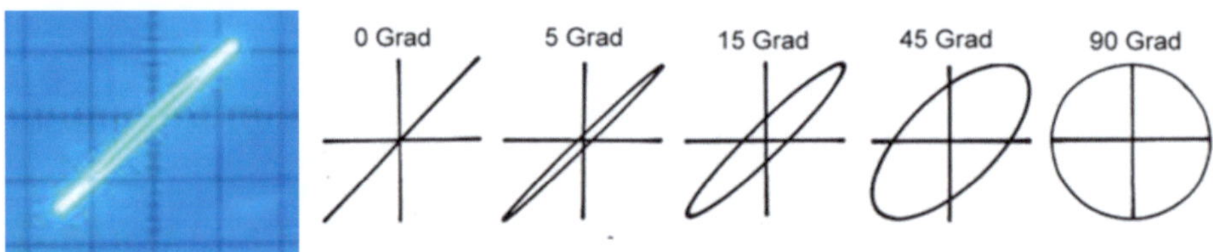

Eine genaue Anleitung mit unterschiedlichen EINTAUMEL-METHODEN gibt es hier:

Seit 1973 wird bei SÜLTZ ELEKTRONIK, genauer gesagt, Radio- und Fernsehwerkstatt Heinz Sültz, Meisterbetrieb, das Thema AZIMUT groß geschrieben.

ELAC - THE FISHER - NAKAMICHI
Sültz Service & Reparatur
Meisterbetrieb seit 1973

Nachdem ELAC viele Recorder, CD 400, 500 und 520, mit nicht korrekt eingestellten Tonköpfen ausgeliefert hatte, musste gehandelt werden. Der Käufer selbst merkte nichts, solange die aufgenommenen Compact Cassetten nicht auf anderen Recordern abgespielt wurde. Eilig wurden Einstellcassetten verteilt.

Mit dieser Einstelllehre haben Auszubildende Radio- und Fernsehtechniker damals bei SÜLTZ die AZIMUT-

Einstellungen durchgeführt. So entstand bei jedem Techniker, den Meister Sültz ausgebildet hat, ein Fingerspitzengefühl. Nach 40 Jahren SÜLTZ ELEKTRONIK kommen so einige Tausend Einstellungen zusammen.

<u>Eintaumeln des Tonkopfes an der Einstellschraube</u>

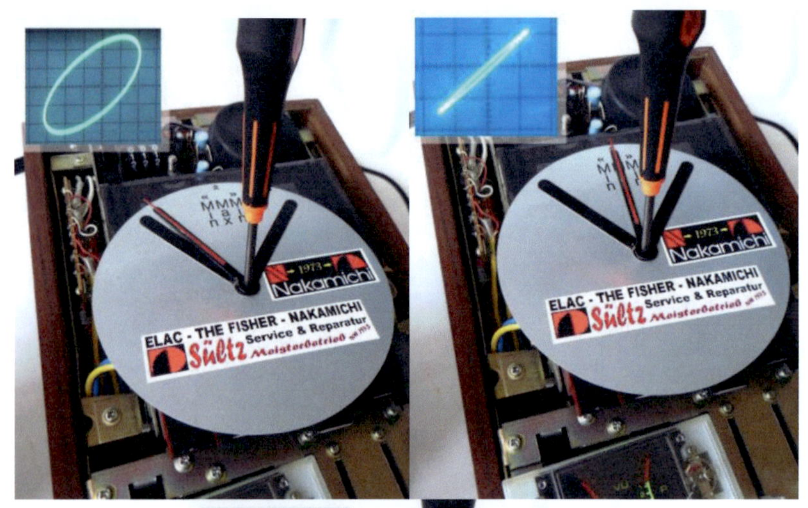

Übrigens waren die Recorder von Henry Kloss, ADVENT 200, immer perfekt eingestellt. Der Recorder ADVENT 200 gilt als der erste Recorder, der 1971 die HiFi-Schallmauer durchbrach. Der Recorder besitzt das NAKAMICHI-Chassis.

Allerdings kratzten Ende der 1960'er Jahre bereits HARMAN KARDON und THE FISHER an der HiFi-Schallmauer... natürlich mit NAKAMICHI-Chassis!

Aber das ist wieder eine andere Geschichte in einem weiteren SÜLTZ Buch ;-)

Kunstdruck-Sammel-Cover für COMPACT CASSETTEN

200g-Papier

in Brillant-Druck

Ringbindung für einfaches Entnehmen der Cover

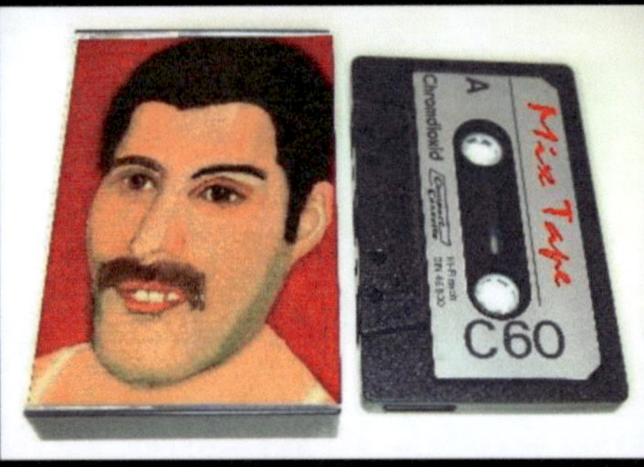

Sie besitzen eine sammelwürdige Compact Cassette?
Das Cover fehlt oder ist beschriftet?
Hier ist ein Ersatz-Cover:

Cover ausschneiden, falten und einlegen!

Teil 12

32 VIP's

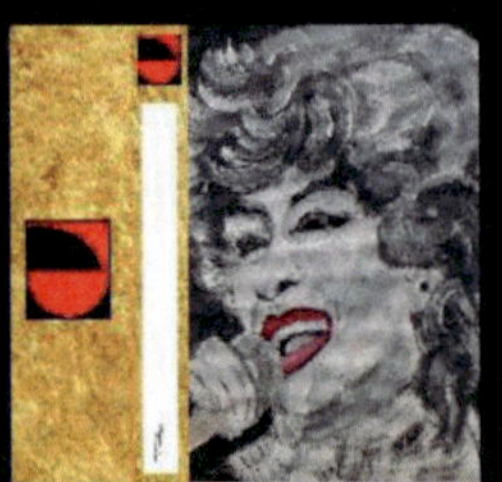

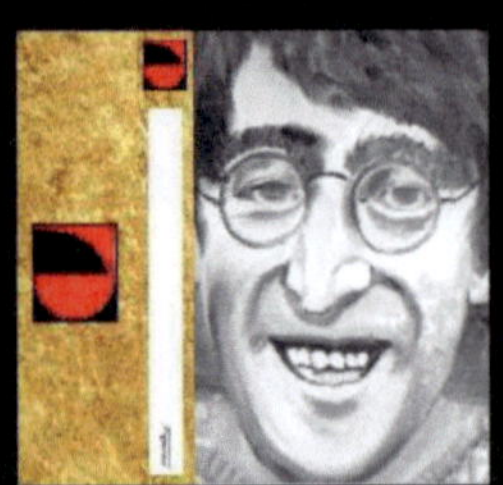

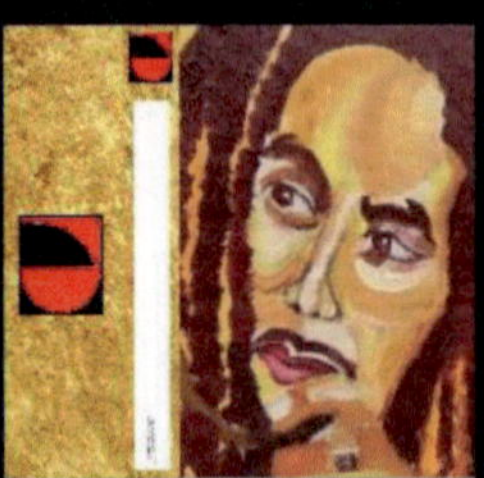

Einen ganz herzlichen Dank an meinen Berufsschullehrer Herrn Wilhelm Vahland, Stud. Dir., Gewerbliche Berufsschulen Dortmund, Fachbereich Radio- und Fernsehtechnik, und an meinen Vater, Herrn Heinz Sültz, Radio- und Fernsehtechniker-Meister, für die guten und erfolgreichen Ausbildungen, die ich genossen habe.

Uwe H. Sültz

Autor und Journalist

Akkreditierung durch Center TV, Andre Zalbertus

Erster Stereo-Recorder 1967

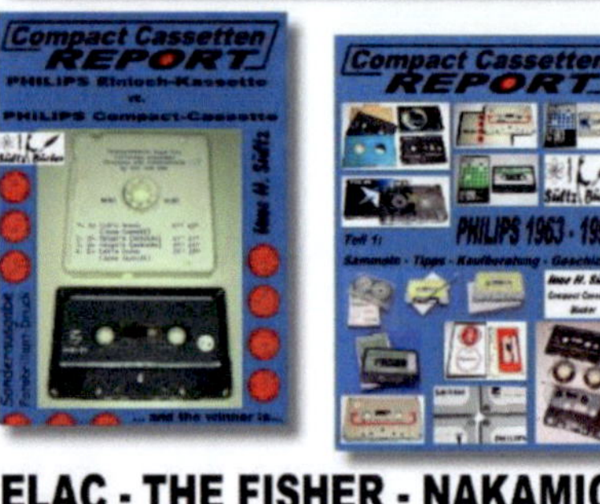

ELAC - THE FISHER - NAKAMICHI

Sültz Service & Reparatur
Meisterbetrieb seit 1973

SÜLTZ BÜCHER... bekannt mit den Gesundheits-Tagebüchern!

Ess-Tagebuch
Diät-Tagebuch Abnehm-Tagebuch

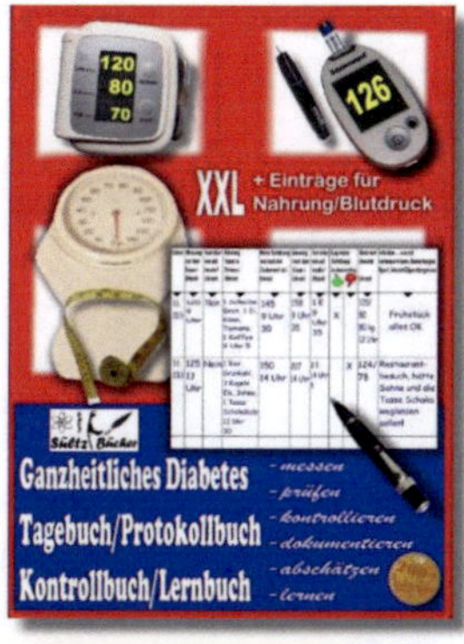

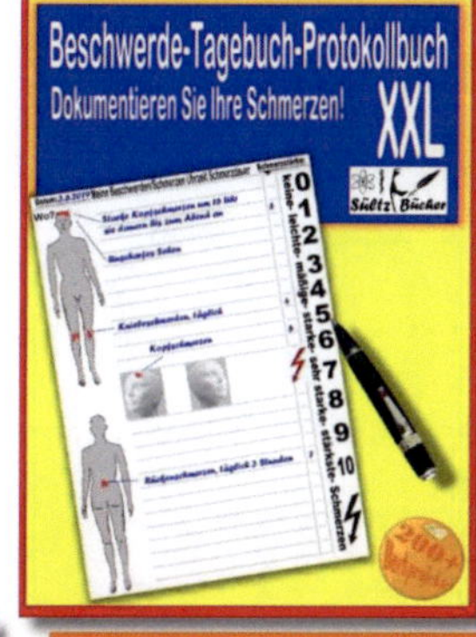

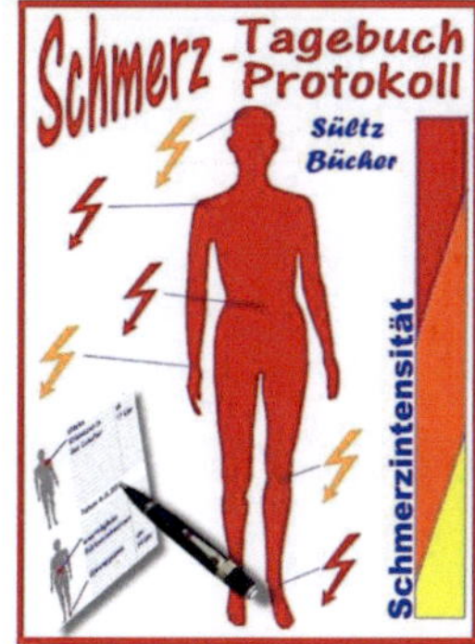

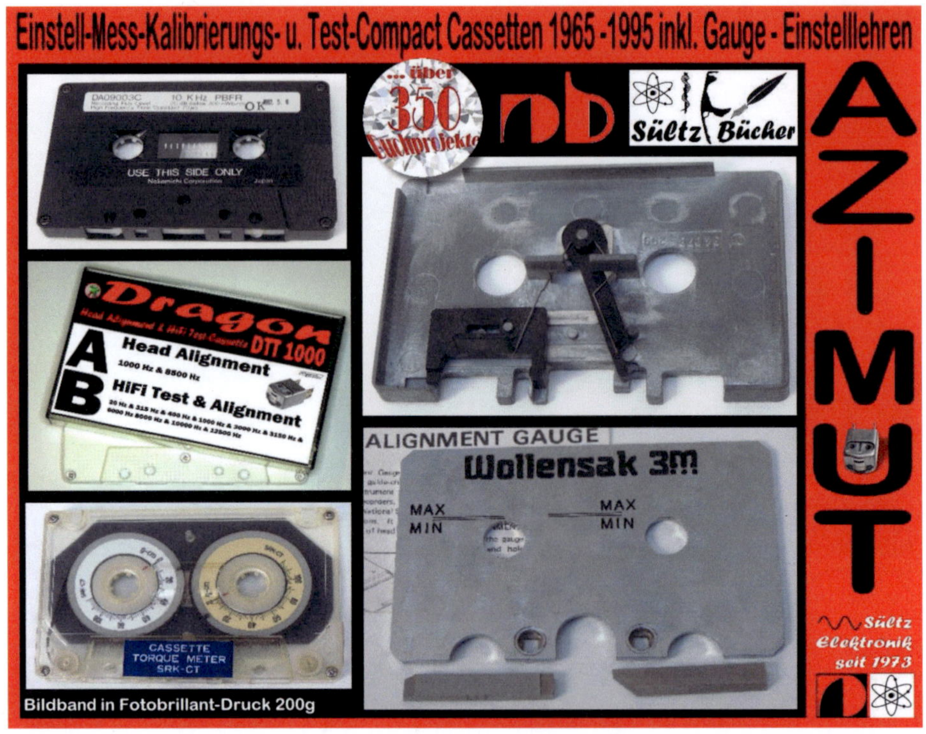

Einstell-Mess-Kalibrierungs- u. Test-Compact Cassetten 1965 - 1995 inkl. Gauge - Einstellehren
... über 350 Buchprojekte
Sültz Bücher
DA09003C 10 KHz PBFR
OK
USE THIS SIDE ONLY
Nakamichi Corporation   Japan
Dragon DTT 1000
Head Alignment & HiFi Test Cassette
A
B
Head Alignment
1000 Hz & 8500 Hz
HiFi Test & Alignment
CASSETTE
TORQUE METER
SRK-CT
ALIGNMENT GAUGE
Wollensak 3M
MAX   MAX
MIN   MIN
AZIMUT
Sültz Elektronik seit 1973
Bildband in Fotobrillant-Druck 200g

Kalender 2063
100 Jahre Compact Cassetten
1963 - 2063
PHILIPS
MADE IN HOLLAND
Uwe H. Sültz
Fotokalender für 2063 mit
50 Compact Cassetten-
Abbildungen ab 1963.